BEI GRIN MACHT SICH IHR WISSEN BEZAHLT

- Wir veröffentlichen Ihre Hausarbeit,
  Bachelor- und Masterarbeit

- Ihr eigenes eBook und Buch -
  weltweit in allen wichtigen Shops

- Verdienen Sie an jedem Verkauf

Jetzt bei www.GRIN.com hochladen
und kostenlos publizieren

Impressum:

Copyright © 2013 GRIN Verlag, Open Publishing GmbH
Druck und Bindung: Books on Demand GmbH, Norderstedt Germany
ISBN: 978-3-668-22032-4

Dieses Buch bei GRIN:

http://www.grin.com/de/e-book/231239/erdgas-eine-weltweite-uebersicht-ueber-
vorkommen-foerderung-transport

Christin Pinnecke

Erdgas. Eine weltweite Übersicht über Vorkommen, Förderung, Transport und Verwendung

Geographisches Institut der Justus Liebig Universität Gießen

Seminar

(SoSe 2013)

Erdgas: Übersicht (Weltweite Förderung, Transport, Verbrauch)

Regionale Geographie II (SS 2013): Gruppe A

Hausarbeit

Verfasst von:

Name: Christin Pinnecke

Studiengang: L3 – Geographie, Russisch und Geschichte

Länge der Hausarbeit: 20.321 Zeichen (inkl. Leerzeichen)

Gießen, 07.05.2013

INHALTSANGABE (573 Zeichen)

Die nachfolgende Arbeit befasst sich mit dem Energierohstoff Erdgas. Dabei gehe ich auf das Naturgas speziell ein und erkläre sein Entstehen, sowie die verschiedenen Arten die es gibt. Anschließend erläutere ich das weltweite Vorkommen und gehe genauer auf die Exploration ein. Danach werde ich die unterschiedlichen Transportmöglichkeiten explizit vorstellen. Des Weiteren werde ich einen kurzen Abriss der verschiedenen Verbrauchsmöglichkeit und des weltweiten Erdgasmarktes zeigen. Abschließend wird im Fazit eine mögliche Tendenz der wirtschaftlichen Lage dargestellt.

ABSTRACT (513 Zeichen)

The following paper deals with the energy resource natural gas. I proceed to the natural gas and especially explain its origin, and the different types that exists. Then I explain the worldwide occurrence and go to a detail exploration. Then I will introduce the different transport options explicitly. Furthermore, I will show a brief outline of the different consumption and possibility of global natural gas market. The report concludes with a possible tendency of the economic situation is shown in conclusion.

INHALTSVERZEICHNIS

1 EINLEITUNG

Erdgas ist in den letzten Jahren als Energieträger an Bedeutung ungemein gestiegen. Das ehemalige Abfallprodukt bei der Erdölgewinnung, ist nun ein eigenständiger Wirtschaftszweig. Einst wurde es als unnütz abgefackelt und nun wird explizit danach gebohrt, um es zu fördern. Es werden Häuser, Autos und Stromerzeugung mittlerweile nach Erdgas ausgerichtet. Doch die wenigsten wissen überhaupt was Erdgas ist, denn der Großteil kennt es nur als bläuliche Flamme aus dem Gasherd oder als ebenjene Flammen an großen Industriekomplexen. Doch dabei reicht die Geschichte von Erdgas sehr lange zurück. Laut Konfuzius nutzten bereits die Chinesen vor mehr als 2500 Jahren das Gas aus der Erde als Energierohstoff und bohrten später auch gezielt danach. Aus Bambus wurden die ersten Pipelines gebaut (FRANKFURTER ALLGEMEINE ZEITUNG 01.08.2006:57).

Hinzu kommt die Sorge vor sogenannten Rohstoffkrisen. Das sind Krisen, die sich aufgrund von politischen Konflikten oder Rohstoffknappheit ereignen. Dieses Problem ist realistisch, da auch die Weltbevölkerung rapide wächst. Dazu kommt die zunehmende Anzahl von Menschen mit einem höheren Lebensstandard. Demnach steigen der globale Energieverbrauch und somit auch die Nachfrage nach Energie stetig an. Aktuell sind immer noch die nicht-erneuerbaren fossilen Energieträger wichtigste Lieferanten.

Doch da stellt sich die Frage was denn Erdgas nun genau ist und wie es entsteht. Erdgaspipelines hat sicherlich fast jeder schon einmal gesehen. Große Rohre die quer durch die Landschaft verlaufen. Doch wir wissen nur einen Bruchteil von diesem wichtigen Energierohstoff. In dieser Hausarbeit möchte ich das Erdgas genauer vorstellen. Dabei werde ich nicht nur den Entstehungsprozess und die Erdgasarten erläutern. Sondern auch die Förder- und Transportmöglichkeiten. Anschließend werde ich dann kurz auf die Verwendung dieses Energieträgers eingehen. In einem abschließenden Fazit gehe ich explizit auf der Verknappung von Erdgas ein. Im Anschluss ist meine verwendete Literatur aufgeführt.

2 ENTSTEHUNG VON ERDGAS

Unter Erdgas versteht man alle gasförmigen Kohlenwasserstoffverbindungen, die mehr oder weniger stark verschmutzt sind. Diese Gase sind für gewöhnlich brennbar, farb- und geruchlos. Die Zusammensetzung variiert erheblich. Der Hauptbestandteil ist Methan (CH_4) und somit ist Erdgas eine organische Verbindung von Kohlenstoff (C) und Wasserstoff (H). Jedes Gas ist nach seiner Lagerstätte aufgrund von Verunreinigungen speziell. So können Begleitkomponenten wie Kohlendioxid, Stickstoff oder Schwefelwasserstoff in verschiedener Ausprägung vorkommen. Demnach gehört Erdgas mit Kohle und Erdöl zu den natürlich brennbaren und organischen Rohstoffen. Dabei unterscheiden sich Kohle und Erdöl, sowohl vom Ausgangsmaterial und Ablagerungsstätten. Doch die Bildungsprozesse sind bei allen drei fossilen Energieträgern ähnlich. Aus diesem Grund ist Erdgas auch sehr häufig ein Nebenprodukt von Erdöl (UEBERHORST 1999:20).

2.1 Entstehungsprozess

Erdgas entsteht wie Kohle und Erdöl durch einen bio- und geochemischen Prozess, der mehrere Millionen Jahre andauerte und teilweise bis heute noch andauert. Wichtige Voraussetzungen für diesen Prozess sind ein permanenter Luftabschluss, eine erhöhte Temperatur, ein hoher Druck, sowie Biomasse. Die Biomasse setzt sich aus abgestorbenen marinen Kleinstlebewesen zusammen, die sich am Meeresgrund sammeln. Dort herrschen sauerstoffarme Bedingungen und die Biomasse kann nicht zersetzt werden. Hinzu kommen weitere Ablagerungen von Sedimentschichten, die die Masse komplett luftdicht abschließt. Dadurch entsteht eine langandauernde Einwirkung von Druck und Wärme. Die Zersetzung der organischen Substanz erfolgt anaerob, d.h. ohne die Zufuhr von Sauerstoff. Die sich dabei bildenden flüchtigen wasserstoffreichen Verbindungen sondern sich vom Feststoff ab, wodurch diese sich mit Kohlenstoff anreichern. Die Erhöhung des Kohlenstoffgehaltes, wird Inkohlung genannt (SCHMIDT/ROMEY 1981:17). Dieser Prozess findet im Muttergestein statt, der jedoch nicht die Endlagerstätte ist. Aufgrund der geringen Dichte von Methan diffundiert (migriert) das Erdgas in höheres Speichergestein (UEBERHORST 1999:25).

2.2 Erdgasarten

Aufgrunddessen, dass alle gasförmigen Kohlenwasserstoffverbindungen als Erdgas gewertet werden, gibt es natürlich eine entsprechende Vielzahl von Unterschieden. Das oben beschriebene Gas wird auch als Natur- oder Rohgas bezeichnet. Doch je nach Zusammensetzung wird differenziert. Erdgas mit einer höheren Konzentration von Kohlenwasserstoff wird zum Beispiel Reichgas genannt, wohin entgegen Erdgas mit einer geringeren Kohlenwasserstoffkonzentration Armgas ist. Diese Unterscheidung hat ökonomische Aspekte, da sich die Extrahierung von Richgas eher lohnt, als die von Armgas. Des Weiteren kann Schwefel ein Bestandteil sein. Dies ist für die Produktion hinderlich, da Schwefel die Maschinen oder Transportleitungen beschädigen kann. Sobald Erdgas kaum oder gar kein Schwefel enthält spricht man von Süßgas. Sollte jedoch Schwefel in solchen Mengen vorhanden sein, dass es vorher entfernt werden muss, wird dieses Erdgas als Sauergas bezeichnet. Eine weitere Unterscheidung erfolgt nach der Lagerstätte. Dadurch das Erdgas den gleichen Entstehungsprozess hat wie Erdöl, kann es vorkommen, dass bei Erdölbohrungen auch Erdgas gefördert werden kann. Diese Form wird dann als Assoziiertes Gas (Erdölgas) bezeichnet. Gas aus reinen Erdgaslagerstätten ist dann nichtassoziiertes Gas

(PORTH/BANDLOWA/GUERBER/KOSINOWSKI/SEDLACEK 1997:10-11).

3 VORKOMMEN

Erdgas ist auf sämtlichen Kontinenten vorzufinden und wird auch auf allen abgebaut. Die Antarktis wird für diese Betrachtung raus genommen, da aktuell keine Förderung dort stattfindet. Doch das Aufzählen aller Länder mit Lagerstätten würde den Rahmen dieser Hausarbeit sprengen. Aus diesem Grund werden kurz exemplarische Länder mit wirtschaftlich bedeutenden Erdgasförderungen vorgestellt.

<table>
<tr><td colspan="2">Abb. 1: Erdgasvorkommen</td></tr>
<tr><td>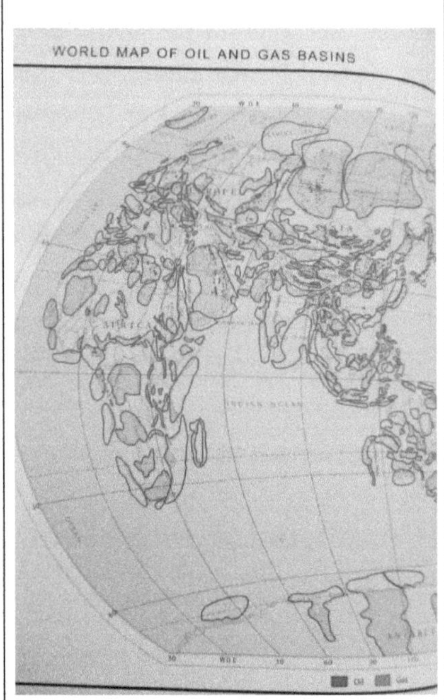</td><td>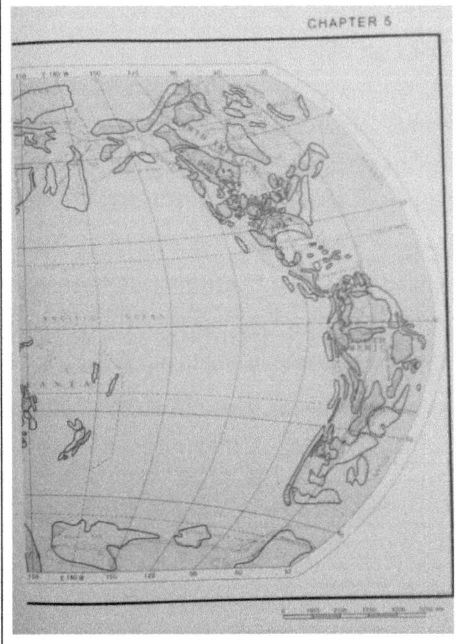</td></tr>
<tr><td>Quelle: GUOYU 2011:18</td><td>Quelle: GUOYU 2011:19</td></tr>
</table>

Auf den Karten ist zu erkennen, dass die Welt reich an Lagerstätten ist. Die orangenen Flächen sollen die Erdgasstätten darstellen. Die roten Flächen zeigen das Erdölvorkommen. Des Weiteren sollen die grünen Flächen Gebiete mit einer hohen Wahrscheinlichkeit von Lagerstätten kennzeichnen. In Europa sind die größten Lagerstätten in der Nordsee und teilweise in Osteuropa zu finden. In Afrika befinden sich viele ertragreiche Erdgasfelder im Norden, in Algerien und in Libyen. Russland hat mit Sibirien die größten Lagerstätten Asiens und in Australien wird Erdgas vorwiegend an der Ostküste in New South Wales gefördert. In Nordamerika sind die ertragsreichsten Erdgasfelder in Alberta und British Columbia, Kanada, sowie im Golf von Mexiko und Mittleren Westen, USA zu finden. Brasilien und Venezuela sind Vertreter für die Erdgasproduktion in Südamerika (MAYER 1982:14-15).

Erdgas kann in verschiedenen Lagerstätten vorkommen. Dabei wird zwischen Kohleflözen, reinen Erdgaslagerstätten oder Gashydrate unterschieden. Reine Erdgaslagerstätten sind Erdgasfallen, in denen sich das Gas an einer undurchlässigen Schicht gesammelt hat. In Kohleflözen wird das Methan von der Kohle absorbiert. Aus diesem Grund kann an solchen Orten mehr Erdgas gewonnen werden, als an klassischen Lagerstätten. Ein weiteres Vorkommen sind Gashydrate, bei denen durch hohem Druck und tiefen Temperaturen das Metha in Eis eingeschlossen wird. Diese Vorkommen sind gewaltig und sind auf Meeresböden oder Permafrostböden vorzufinden(UEBERHORST 1999:26-28).

4   EXPLORATION

Der Förderung von Erdgas geht die genaue Erkundung von potenziellen wirtschaftlichen Lagerstätten voraus. Der Kostenfaktor darf dabei nämlich nicht vernachlässigt werden. Der Aufbau einer Bohrplattform und den Anschluss an die wichtigen Transportwege kostet enorm viel Geld. Aber auch die Suche nach Rohstofflagerstätten ist ein großer Kostenpunkt. Aus diesem Grund muss sehr sorgfältig untersucht und gemessen werden. Dies geschieht mit mehreren verschiedenen Arten.

4.1 Messungen

Eine Variante sind Messungen, wobei die bekannteste die Reflexionsseismik ist. Bei dieser indirekten Technik aus der Geophysik werden künstliche Schwingungen an der Erdoberfläche erzeugt. Diese breiten sich wellenförmig durch die Schichten der Erdkruste in alle Richtungen aus. Sobald sich das Gestein verändert reagieren die Schwingungen mit einer veränderten Amplitude und Frequenz. Die Schallwellen werden unterschiedlich reflektiert und wieder zurück zur Erdoberfläche geworfen. Dort messen Geophone die Laufzeit und die Stärke der seismischen Energie. Die gewonnen Daten werden danach in einem Rechenzentrum ausgewertet und für die Erstellung von Modellen verwendet. Problematischer ist dabei der enorme Aufwand, da bis zu 12 000 Geophonen pro Messung benötigt werden. Es gibt natürlich auch noch andere geophysikalische Messmethoden. So wird die gravimetrische Messung dazu verwendet, um Schwefelanomalie in größeren Gesteinen abschätzen zu können (UEBERHORST 1999:33-35).

4.2 Bohrungen

Ein weitere Möglichkeit der Exploration sind unter anderem Explorationsbohrungen. Das sind Bohrungen, die zur Suche und Erschließung von Rohstoffvorkommen durchgeführt werden. Dabei wird wieder zwischen mehreren Arten unterschieden. Die Untersuchungsbohrung reicht nicht tief und dient zur Informationsgewinnung der örtlichen geologischen Situation. Das primäre Ziel dieser Bohrung ist nicht das explizite Auffinden von Öl- oder Gasvorkommen. Auch mit der Basisbohrung, die schon tiefer reicht, wird nicht unbedingt nach Rohstoffvorkommen gesucht. Es wird ebenfalls zur Gewinnung von speziellen Informationen über das Gestein und die Bedingungen ausgeführt. Mit der Aufschlussbohrung wird nach bestimmten Lagerstätten gesucht, bei denen bis dato keine Förderung stattfand. Sollte auf Flächen bereits Erdgas gefördert werden, so werden neue Vorkommen in diesem Gebiet mit Teilfeldsuchbohrungen genauer erkundet

(PORTH/BANDLOWA/GUERBER/KOSINOWSKI/SEDLACEK 1997:17).

5 FÖRDERUNG

Die Techniken bei der Erdöl- und Erdgasförderung sind sich sehr ähnlich. Die Bohrungen erfolgen entweder senkrecht oder schräg. Das Gestein wird zerstört und nach oben geführt. Der so entstandene Hohlraum wird mit Rohrsträngen gestützt, damit unter dem herrschenden Druck kein Gestein nachbricht und alles stabilisiert bleibt. Bemerkenswert ist dabei, dass die Bohrkosten bis zu 80 Prozent der Aufwendungen bei den Erschließungskosten einer neuen Erdgaslagerstätte ausmachen. Es gibt verschiedene Bohrmethoden.

Das Rotary-Bohrverfahren ist dabei mit Abstand das Wichtigste. Bei dem Verfahren wird ein Bohrmeißel an einem Bohrturm angebracht. Anschließend bohrt sich der Meißel bis zu 10 km tief in den Boden. Nachdem das Gestänge bis zum Grund angebracht wurde, werden mit einer kleinen Sprengung kleine Löcher in das Rohr gebracht. Durch den natürlichen Druck schießt das Gas nach oben und wird dort durch Schieber und Ventile in die entsprechenden Leitungen weiter transportiert. Bei dem eigentlichen Verfahren gibt es keine Unterschiede, jedoch gibt es Unterschiede bei den Förderstätten. So wird zwischen Offshore- und Onshore-Förderungen unterschieden. Bei einer Offshore-Förderung erfolgt die Bohrung und Produktion auf dem Meer mit Hilfe von festen oder schwimmenden Bohrplattformen. Die Onshore-Förderung ist die Förderung auf Land mit entsprechenden Bohrtürmen (SCHMIDT/ROMEY 1981:29-31).

6 TRANSPORT

Der Transport von Erdgas kann vielfältig erfolgen. Die bekannteste Variante ist der Transport mit Hilfe von Pipelines. Dazu muss ein entsprechendes Leitungsnetz von der Produktionsstätte bis zum Endverbraucher verlegt werden. Dafür können die Leitungen bis 5500 km lang sein. Das Gas transportiert sich durch seinen Eigendruck selbstständig. Doch je nach Transportlänge und Rohrgröße nimmt der Druck auf langen Strecken ab. Dazu wurden Kompressorstationen in Abständen von 100 bis 200 km angebracht, die den Druck wieder erhöhen (BRÜCHER 2009:128-130). Eine weitere Möglichkeit ist der Transport mit Tankschiffen. Die rentiert sich aber erst einem Transport von mindestens 2000 km Seeweg oder mindestens 4000 km Landweg (BÖRNSTEIN 2002:40). Dafür wird das Erdgas bei -160 °C verflüssigt und in LNG-Tankern verladen (SCHMIDT/ROMEY 1981:230).

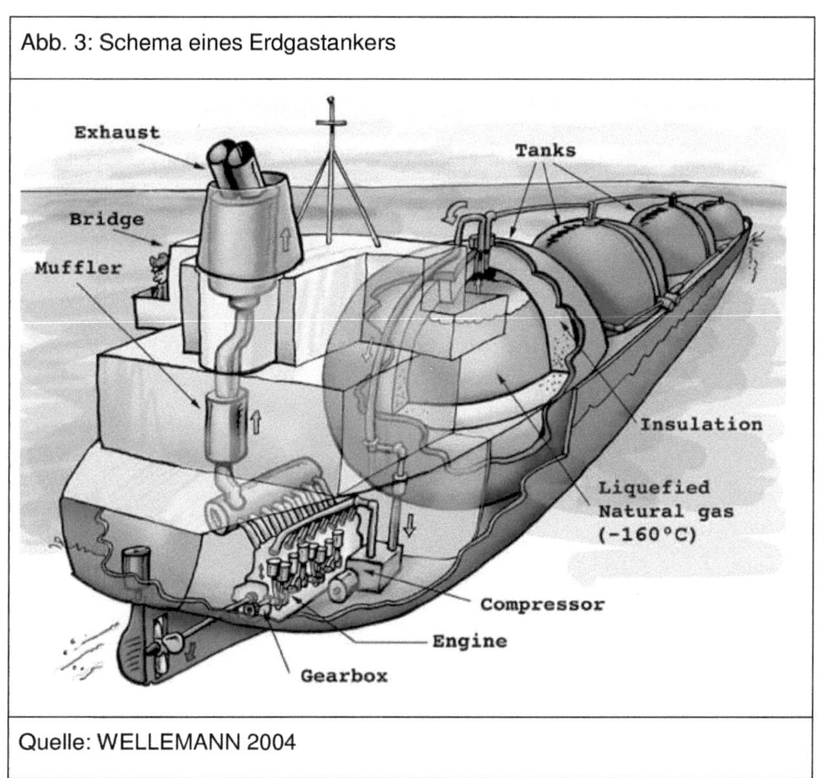

Abb. 3: Schema eines Erdgastankers

Quelle: WELLEMANN 2004

Aufgrund von Schwankungen beim Heizungsbedarf und bei der Produktion wird bis zu 10 Prozent des jährlichen Erdgasabsatzes gespeichert und zwischengelagert. Dies erfolgt zumeist unterirdisch in Kavernen- oder Porenspeichern. Bei einem Kavernenspeicher wird ein künstlicher Hohlraum geschaffen. Dies sind zumeist Salzstöcke, die entsolt und anschließend gefüllt werden. Die Porenspeicher sind hingegen natürliche Speicherstätte wie Feldspeicher. Bei beiden Möglichkeiten wird das Erdgas durch Kompressoren mit hohem Druck in die Lagerstätte gepresst. Der tatsächliche Druck variiert je nach Gesteinsart und Statik. Natürlich gibt es auch Erdgastanks, die oberirdisch verwendet werden. Doch sind die Aufnahmekapazitäten für den größeren Markt nicht ausreichend (UEBERHORST 1999:61-65).

7 VERWENDUNG

Erdgas wird hauptsächlich zum heizen in der Industrie und in Haushalten verwendet. In Gasturbinenwerken wird Erdgas zur Herstellung von Strom verwendet. Aufgrund dessen, dass die Gasturbinen aufgrund der sehr guten Brennbarkeit eine hohe Schnellstartfähigkeit besitzen, werden diese Werke vorrangig zur Befriedigung von kurzzeitig auftretenden Leistungsnachfragen genutzt.

Auf der folgenden Abbildung sind die Möglichkeiten für den privaten Haushalt sehr gut veranschaulicht.

Abb. 4: Verwendung von Erdgas

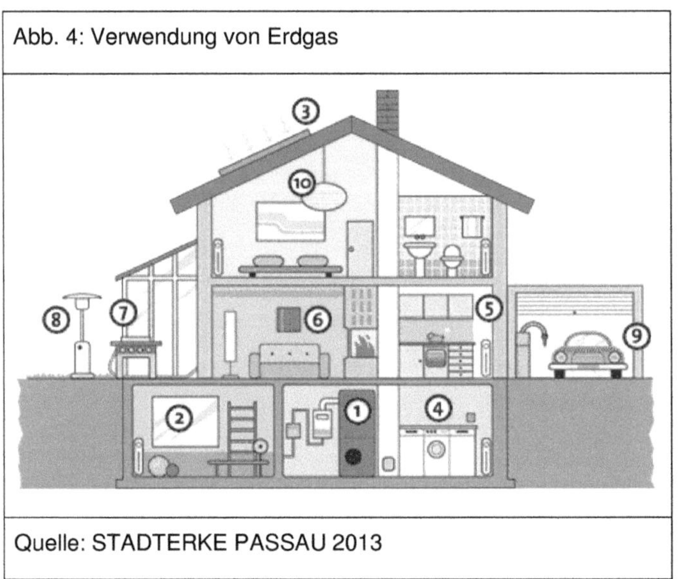

Quelle: STADTERKE PASSAU 2013

So wird dieser Brennstoff nicht nur zum heizen oder zum Betreiben von elektrischen Geräten verwendet. Sondern auch zum Kochen (Gasofen oder Gasgrills). Ein ebenso wichtiger Industriezweig ist mittlerweile die Nutzung von Erdgasfahrzeugen, bei denen entweder Reichgas oder Armgas verwendet wird (SCHMIDT/ROMEY 1981:49).

Erdgas wird natürlich weltweit in sämtlichen Industrienationen genutzt. Der weltweite Verbrauch ist dabei sehr unterschiedlich.

Rang	Land/Region	Mrd. m^3	Anteil in %
1	Vereinigten Staaten	683,4	21,0
2	Russische Föderation	458,1	14,1
3	Iran, Islamische Republik	136,9	4,2
4	China	108,9	3,4
5	Deutschland	95,9	3,0
6	Japan	94,5	2,9
7	Vereinigtes Königreich	93,8	2,9
8	Kanada	93,8	2,9
9	Saudi-Arabien	83,9	2,6
	Weltweit	3.249,0	100,0

Quelle: DEUTSCHE ROHSTOFFAGENTUR 2011:55

Die größten Abnahmeländer waren 2011 die Vereinigten Staaten und Russland, die zusammen mehr als ein Drittel des gesamt produzierten Erdgases verbrauchten. Deutschland kommt erst auf Platz fünf gerade mal drei Prozent. Die größten Erdgasproduzenten sind ebenfalls die Vereinigten Staaten und die Russische Föderation (DEUTSCHE ROHSTOFFAGENTUR 2011:54-55).

8 FAZIT

Erdgas vereint viele Vorteile ökonomische und ökologische Vorteile. So verursacht das Verbrennen bei der Verbrennung eine geringe Umweltbelastung. Es ist auch leichter Handhabbar, weil es meistens keinen langwierigen Aufbereitungsprozess wie Erdöl oder Kohle durchlaufen muss. Dadurch hat Erdgas einen Preisvorteil gegenüber den eben genannten Rohstoffen. Hinzu kommt, dass es meist nur geringere Verunreinigungen aufweist oder bei Verunreinigungen diese für weitere Produktionen nützlich sind. Ein klassisches Beispiel ist dafür Schwefel. Des Weiteren ist Erdgas sehr vielseitig verwendbar. Dennoch birgt es Risikopotenziale wie Unfallrisiken durch die Explosivität. Dies war schon öfters der Grund für schwerwiegende Unfälle mit Verletzten und Toten. Aus diesem Grund ist eine penible Wartung der Leitungen und Geräten von enormer Wichtigkeit. Ein weiterer Nachteil sind die Anschaffungskosten für Erdgasheizungen oder –autos. Das Nachrüsten ist dabei meist teurer als eine komplette Neuanschaffung. So oder so leistet Erdgas durch die geringen Schadstoffemissionen einen Beitrag zum Umweltschutz.

Da stellt sich natürlich die Frage nach der Prognose. Wie lange reicht Erdgas denn noch? Das Problem ist, dass diese Frage nicht eindeutig beantwortet werden kann, weil bis heute noch nicht alle Reserven gefunden und angebohrt wurden. Hinzu kommen neue Technologien um Erdgas aus Gesteinen oder Materialien zu gewinnen, die aktuell noch nicht möglich sind. Auch muss der Verbrauch entgegen gerechnet werden. Mit jedem Jahr steigt die Anzahl der Erdgasverbraucher (DEUTSCHE ROHSTOFFAGENTUR 2011:33). Nach den aktuellen Schätzungen und Berechnungen reicht Erdgas noch ungefähr 40 Jahre (FRANKFURTER ALLGEMEINE ZEITUNG 01.08.2006:57). Doch was passiert dann?

9 LITERATURVERZEICHNIS

BRÜCHER, W. (2009): Energiegeographie. Wechselwirkungen zwischen Ressourcen, Raum und Politik. Gebr. Borntraeger Verlagsbuchhandlung, Berlin, Stuttgart.

DEUTSCHE ROHSTOFFAGENTUR IN DER BUNDESANSTALT FÜR GEOWISSESCHAFTEN UND ROHSTOFFE (2010): DERA Rohstoffinformationen: Kurzstudie Reserven, Ressourcen und Verfügbarkeit von Energierohstoffen 2011. Hannover.

FRANKFURTER ALLGEMEINE ZEITUNG (2006): Erdgas. In 42 Jahren ist alles vorbei.

http://www.faz.net/aktuell/wissen/erde/erdgas-in-42-jahren-ist-alles-vorbei-1302387.html (06.05.2013)

GHOFRANI, R. u. MARX, C. (2002): Energy Technologies. In: LANDOLT-BÖRNSTEIN (Hrsg.): Group VIII Advanced Materials and Technologies, Vol. 3A. Verlag Springer, Berlin, Heidelberg.

GUOYU, L. (2011): World Atlas of Oil and Gas Basins. John Wiley & Sons Ltd, Oxford.

MEYER, F. (1982): Petro-Atlas. Erdöl und Erdgas. 3. Aufl., Westermann Verlag, Braunschweig.

PORTH, H., BANDLOWA, T., GUERBER, B., KOSINOWSKI, M. u. SEDLACK, R. (1997): Erdgas. Reserven – Exploration – Produktion. In: BUNDESANSTALT FÜR GEOWISSEMSCHAFTEN UND ROHSTOFFEN UND DEN STAATLICHEN GEOLOGISCHEN DIENSTEN IN DER BUNDESREPUBLIK DEUTSCHLAND (Hrsg.): Geologisches Jahrbuch, Reihe D, Heft 109. E. Schweizerbart´sche Verlagsbuchhandlung, Hannover.

SCHMIDT, K.-H. u. ROMEY, I. (1981): Kohle Erdöl Erdgas. Chemie und Technik. Vogel-Verlag, Würzburg.

STADTWERKE PASSAU (2013): Verwendung von Erdgas in privaten

http://www.stadtwerke-passau.de/images/inhalt/erdgashaus/erdgashaus.gif (21.04.2013).

UEBERHORST, S. (1999):Energieträger Erdgas. Exploration, Produktion, Versorgung. 3. Aufl., Verlag Moderne Industrie, Landsberg/Lech.

WELLEMANN (2004): LNG Tanker.

http://commons.wikimedia.org/wiki/File:LNGtanker.jpg (31.04.2013)

WINNACKER-KÜCHLER (2006): Chemische Technik. Energieträger. 5. Aufl., Wiley-VCG-Verlag, Weinheim.